PLANCHES MURALES

D'HISTOIRE NATURELLE

PAR

M. ACHILLE COMTE.

ZOOLOGIE – BOTANIQUE – GÉOLOGIE

LÉGENDES.

DEUXIÈME ÉDITION.

PARIS,

VICTOR MASSON ET FILS,

PLACE DE L'ÉCOLE DE MÉDECINE.

S

PLANCHES MURALES

D'HISTOIRE NATURELLE

PAR

M. ACHILLE COMTE.

ZOOLOGIE — BOTANIQUE — GÉOLOGIE

LÉGENDES.

DEUXIÈME ÉDITION.

PARIS,

VICTOR MASSON ET FILS.

PLACE DE L'ÉCOLE DE MÉDECINE.

1865

Nantes, Imprimerie Charpentier, rue de la Fosse, 32.

AVERTISSEMENT

DE LA DEUXIÈME ÉDITION.

La collection de *Planches murales* publiée par M. Achille Comte a eu un succès rapide qui prouve qu'elle répondait à un véritable besoin ; et la première édition a été rapidement épuisée.

Le mouvement qui s'opère depuis quelque temps dans l'enseignement, en lui donnant un caractère chaque jour plus pratique, n'a fait qu'augmenter l'importance d'une œuvre de ce genre.

Au moment de réimprimer cette collection, on a tenu à respecter la disposition adoptée par l'auteur, auquel sa longue expérience avait permis de tracer, dès l'origine, un plan qui devait rester un modèle.

Quelques erreurs cependant, inévitables dans un travail d'aussi longue haleine, avaient été signalées ; et M. Comte se proposait de les rectifier si la mort lui avait permis de diriger lui-même l'exécution de la deuxième édition ; en outre, la science, qui ne reste jamais stationnaire, exigeait quelques modifications.

M. Bocquillon, professeur aux Lycées Bonaparte et Napo-
léon, a bien voulu accepter une tâche pour laquelle le dési-
gnaient ses travaux et ses publications antérieures.

Il s'est chargé, en révisant les 100 planches au fur et à
mesure de leur impression, d'y introduire les améliorations
qui lui ont paru utiles, tant dans le dessin que dans le coloris.

La *Botanique,* principalement, a été, de sa part, l'objet
d'un travail minutieux qui a mis les planches en parfait ac-
cord avec les théories enseignées actuellement. Le texte
enfin a été mis en concordance avec l'édition nouvelle.

Nous sommes heureux de remercier M. Bocquillon du
concours précieux qu'il nous a prêté en cette circonstance.

L'exécution matérielle a été, comme pour la première édition, confiée à M. Charpentier, l'habile imprimeur de Nantes,
qui n'a rien négligé pour la rendre égale, et quelquefois
supérieure à l'œuvre primitive.

VICTOR MASSON ET FILS.

ZOOLOGIE.

ZOOLOGIE.

Planche 1.

Cette planche, formée de trois feuilles, montre le tube
digestif supposé déroulé du Chien, depuis l'ouverture d'entrée
jusqu'à l'ouverture de sortie. On y remarque la bouche avec
les dents, la langue et l'une des glandes parotides; le pharynx, l'œsophage, l'estomac, l'intestin grêle et le gros intestin;
le foie, le pancréas et leurs conduits excréteurs.

On a figuré le larynx, la trachée artère et les poumons.

On a figuré aussi le cœur avec les deux artères qui
naissent des ventricules droit et gauche, et les veines caves
qui se jettent dans l'oreillette droite.

On a montré les voies d'absorption des aliments; les veines
(en bleu), qui prennent naissance sur les différents points
du tube digestif et forment la veine porte; les vaisseaux
chylifères (en blanc), qui prennent naissance sur les mêmes
surfaces, se réunissent pour former la citerne de Pecquet;
là naît le canal thoracique qui débouche dans la veine sous-
clavière gauche.

Planche 2.

Cette planche est destinée à montrer les principaux instruments de préhension des animaux :

a, Écureuil; la préhension se fait avec les membres antérieurs. — **b**, Girafe; la préhension s'exécute au moyen des lèvres et de la langue. — **c**, Éléphant; la préhension s'exécute au moyen de la trompe, qui est terminée, à son extrémité libre, par un appendice mobile. — **d**, Pangolin; la langue gluante et filiforme peut s'allonger au loin pour saisir les insectes. — **e**, Pic; la langue est munie d'épines à son extrémité, et peut, par une disposition particulière de l'os hyoïde, être portée hors du bec. — **f**, Filou; poisson de la mer des Indes; il peut allonger sa bouche en forme de tuyau pour saisir au passage les petits animaux qui passent à sa portée. — **g**, Caméléon; la langue, très-extensible, est terminée à son extrémité libre par un renflement visqueux. — **h**, Poulpe; huit pieds, situés autour du cou, portent chacun une double rangée de ventouses, qui en font de puissants organes de préhension. — **i**, Sangsue; la partie antérieure du corps est munie d'une ventouse en bec de flûte dans laquelle est la bouche. Cette bouche est munie en **i'** de trois mâchoires dures, discoïdes à bord libre muni de dentelures. C'est au moyen de ces parties dures que la Sangsue entame la peau et y fait une plaie étoilée qui devient, après la morsure, une cicatrice de forme triangulaire. — **j**, Tête d'un insecte hyménoptère, l'Antophore; les pièces des mâchoires et de la lèvre inférieure se sont allongées pour la succion. — **k**, Polype d'eau douce; la partie supérieure de l'animal est entourée de tentacules mobiles placés autour de l'ouverture unique du tube digestif.

PLANCHE 3.

Tête humaine dont les os ont été séparés et tenus à distance les uns des autres, pour faire comprendre le mode d'articulation par suture et l'appui qu'ils se prêtent dans la constitution de la cavité cranienne. Les dents sont dessinées avec leur forme caractérisque et dans leurs rapports naturels.

———

PLANCHE 4.

Coupe verticale et médiane du crâne, de la face et du cou. Cette planche peut servir à la description : —1° de la cavité osseuse qui contient le cerveau et le cervelet; — 2° des fosses nasales; — 3° de la région pharyngienne; — 4° de la cavité de la bouche; — 5° des rapports de l'œsophage avec l'ouverture du larynx; — 6° de la portion cervicale de la colonne vertébrale.

———

PLANCHE 5.

Structure et développement des dents. — **a**, **b**, Mâchoires d'un enfant nouveau-né. Toutes les dents sont contenues dans l'épaisseur des mâchoires. — **c**, Coupe de la première incisive inférieure d'un enfant de vingt mois, montrant les rapports de la dent temporaire avec la dent définitive. — **d**, Coupe longitudinale d'une petite molaire pour montrer l'émail, la substance osseuse et la cavité dentaire. — **e**, Sac dentaire de la deuxième incisive d'un fœtus humain de huit mois, vu de face, pour montrer, de dehors en dedans, les éléments constitutifs de la dent en formation. — **f,** Même dent vue de profil. — **g,** Section longitudinale d'une dent molaire de l'homme, pour montrer l'émail, l'ivoire, le cément, la cavité dentaire. — **h**, Préparation faite sur une demi-mâchoire inférieure gauche d'un enfant de six ans, vue par sa face interne, avec les dents de lait, sur l'arcade alvéolaire et les dents de remplacement encore renfermées dans les alvéoles. — **i,** Sac dentaire d'une dent de lait de la mâchoire inférieure, avec le pédicule formé par les vaisseaux et nerfs du canal dentaire. — **j,** Sac dentaire d'une dent définitive de la mâchoire inférieure.

Planche 6.

a, Tête osseuse de l'Homme sur laquelle ont été disséqués les muscles élévateurs de la mâchoire inférieure, à savoir : le muscle temporal 1, le masséter 2, le ptérygoïdien interne 3. — **b,** Les huit dents de la seconde dentition, dans l'Homme, prises à la moitié droite de la machoire supérieure : deux incisives, une canine, deux petites molaires, trois grosses molaires. — **c,** Préparation des deux arcades dentaires du côté droit, dans la tête humaine. Cette figure montre la position des dents dans les alvéoles. Celles-ci sont disséquées de façon à mettre au jour le rapport des racines de chacune des dents avec le tissu osseux dans lequel elles sont retenues.

Planche 7.

Cette planche est destinée à montrer les variétés dans la forme et le nombre des dents de quelques mammifères. — 1, Tête de Tigre (carnassier), figure empruntée à l'*Histoire naturelle médicale* du Dr Bocquillon; — 2, Tête de Lapin; (rongeur); — 3, Tête de Fourmilier (édenté); — 4, Tête de Cheval (solipède); — 5, Tête de Girafe (ruminant); — 6, Tête de Dauphin (cétacé).

Planche 8.

Anatomie comparée du tube digestif chez un Oiseau **a**, un Reptile **b**, un Poisson **c**.

a, Tube digestif du Poulet; on y voit l'œsophage 1, le jabot 2, suivi du ventricule succenturié 3, le gésier 4, l'intestin 5, les cœcums de l'intestin 6, le cloaque 7, le foie 8, la vésicule du fiel et le canal 9, et le pancréas 10.

b, Tube digestif du Crocodile.

c, Tube digestif de la Perche. — 1, Os hyoïde; — 2, Œsophage; — 3, Estomac; — 4, Appendices pancréatiques; — 5, Petit intestin; — 6, Gros intestin; — 7, Anus; — 8, Foie.

Planche 9.

Anatomie comparée du tube digestif chez un Mollusque, une Annélide, un Insecte. — **a,** Ambrette montrant son tube alimentaire en forme d'U, les glandes salivaires, le foie, l'appareil respiratoire branchial, le cœur, les ganglions nerveux qui entourent l'œsophage. — **b,** Sangsue médicinale montrant, entre autres parties, son appareil digestif à onze paires de cœcums. — **c,** Carabe doré laissant voir les différentes parties de son appareil digestif; les parties de la bouche, l'œsophage, le jabot, le gésier, le ventricule chylifique, l'intestin grêle, le gros intestin, les vaisseaux hépatiques ou biliaires dits tubes de Malpighi, insérés au ventricule chylifique. On voit aussi, près de l'orifice de sortie du tube digestif, un appareil de sécrétion d'un liquide caustique qui sert de défense.

Planche 10.

Appareil central de la circulation du sang chez l'Homme. — **a,** Face antérieure du cœur avec les veines caves supérieure et inférieure, l'artère aorte ascendante et descendante, l'artère pulmonaire. On a dessiné à leur place les deux reins dont l'un, celui de droite, est préparé pour montrer la distribution des vaisseaux dans le tissu de cet organe. — **b,** Coupe du cœur à travers les oreillettes et les ventricules; la paroi du ventricule gauche est plus épaisse que celle du ventricule droit. — **c,** Face postérieure du cœur. — **d,** La paroi d'une artère dont les membranes ont été isolées. — **e,** Intérieur d'une veine montrant les valvules qui règlent le cours du sang.

Planche 11.

Figures théoriques de l'appareil circulatoire. — **a**, Circulation du sang à travers les cavités du cœur, chez les Mammifères et les Oiseaux : la séparation est purement théorique, et n'est destinée qu'à donner une idée de la manière dont le sang, en parcourant le cercle circulatoire, traverse deux fois le cœur, et traverse aussi deux systèmes de vaisseaux capillaires. En se rendant de l'artère pulmonaire dans les veines du même nom, le sang veineux (supposé bleu) traverse, en effet, les vaisseaux capillaires des poumons. Le sang artériel (rouge) traverse aussi les capillaires des différents organes, en pénétrant dans leur structure intime et en passant des radicules des artères dans les radicules des veines. — **b,** Circulation du sang chez un Reptile ; elle n'est pas aussi parfaite que chez les Mammifères et les Oiseaux. On voit ici le ventricule unique avec lequel correspondent les deux oreillettes. Dans les figures **b, c,** le cœur est représenté par un cercle ponctué et des flèches indiquent la direction du courant sanguin. — **c,** Cœur de Poisson ; il ne présente que deux cavités, une oreillette et un ventricule, et ne reçoit que du sang veineux qui en sort pour traverser les branchies dans lesquelles il se revivifie et devient artériel. Cet organe, chez les Poissons, représente la moitié du cœur ou partie droite des Mammifères et des Oiseaux. — **e,** Circulation du sang chez un Crustacé (Écrevisse) ; le cœur, qui n'a qu'une cavité (1), pousse du sang artériel (3) dans toutes les parties du corps. Ce sang se répand dans des lacunes, puis passe aux branchies, devient artériel, arrive par deux canaux (4, 4) dans la poche (2) qui contient le cœur, puis entre dans cet organe.

— **d**, L'arc branchial grossi d'un Poisson pour montrer comment l'artère branchiale (bleue) diminue de grosseur à mesure qu'elle fournit à chaque feuillet branchial la petite artère qui porte le sang au contact de l'eau. Cette figure montre aussi comment la veine branchiale (rouge) augmente de grosseur à mesure qu'elle reçoit les veinules qui rapportent le sang soumis à l'oxygénation.— **f,** Vaisseau dorsal d'un Insecte. Bien que chez les Crustacés et les Insectes, le sang soit incolore, on a représenté ici le sang artériel par une teinte rouge et le sang veineux par une teinte bleue.

Planche 12.

Origine, divisions et subdivisions de l'artère aorte chez l'Homme.

Cette grosse artère remonte d'abord vers la base du cou, puis se recourbe en bas, en formant une espèce de crosse, et descend verticalement au devant de la colonne vertébrale, jusqu'à la partie inférieure du ventre. Pendant ce trajet, il se sépare de l'aorte un grand nombre de branches dont les principales sont :

Les artères carotides qui se dirigent sur les côtés du cou et distribuent le sang à la tête.

Les artères des membres supérieurs qui prennent successivement le nom d'artères sous-clavières, axillaires et brachiales, suivant qu'elles passent sous la clavicule, qu'elles traversent le creux de l'aisselle ou qu'elles descendent le long du bras, où elles se divisent en deux branches appelées artères radiale et cubitale, et fournissent ensuite les rameaux qui alimentent la main :

Les artères intercostales qui, en nombre considérable, se

dirigent de chaque côté du corps et marchent entre les côtes.

L'artère ou tronc cæliaque, qui fournit des troncs importants se rendant à l'estomac, au foie et à la rate.

Les artères mésentériques, dont les subdivisions se ramifient dans les intestins.

Les artères rénales qui, à droite et à gauche, pénètrent dans les reins.

Les artères iliaques qui terminent en quelque sorte l'aorte et portent le sang aux membres inférieurs, en descendant le long des cuisses. Elles prennent là le nom d'artères fémorales; plus bas, celui de tibiales, de péronières et donnent naissance à plusieurs branches qui se terminent dans le pied.

Planche 13.

Distribution des vaisseaux sanguins chez un Oiseau et chez un Reptile.

a, Appareil circulatoire de l'Oie. — 1, Aorte; — 2, 2, Artères sous-clavières.

b, Appareil circulatoire de la Couleuvre.

Planche 14.

Appareil de la circulation chez un Reptile et chez un Poisson.

a, Circulation d'un Lézard : — 1, Veine cave supérieure; — 2, Veine cave inférieure; — 3, L'une des oreillettes; —

4, Ventricule unique ; — 5, Crosses de l'aorte ; — 6, Artère carotide ; — 7, Artère aorte ; — 8, Veines pulmonaires ; — 9, Artère pulmonaire ; — 10, L'un des poumons ; — 11, Estomac ; — 12, Intestin ; — 13, Foie et la veine porte.

b, Cœur d'un Crocodile et ses principaux vaisseaux. Les deux ventricules ont subi une section qui montre la cloison complète qui les sépare : — 1, Ventricule gauche, une flèche est engagée dans le canal de l'aorte ; — 2, Ventricule droit, une flèche est engagée dans le canal artériel ; — 3, Cloison interventriculaire ; — 4, Oreillette gauche qui reçoit 8, 8, les veines pulmonaires ; — 5, Oreillette droite qui reçoit 6, 6, les veines caves supérieure et inférieure ; — 7, 7, Branches de l'artère pulmonaire, celle-ci naît du ventricule droit ; — 9, Branche ascendante de l'aorte ; — 10, Branches du tronc aortique qui se rendent au cou et à la tête ; — 11, Canal artériel qui se réunit à l'aorte ascendante pour former 12, l'aorte descendante.

c, Cœur d'une Tortue et ses principaux vaisseaux : — 1, Oreillette droite recevant les veines caves, 2 ; — 3, Oreillette gauche recevant les veines pulmonaires, 4 ; — 5, Ventricule unique donnant naissance à l'aorte ascendante 6, au canal artériel 7, et à l'artère pulmonaire 8 ; — 9, Réunion de l'artère aorte et du tronc artériel.

d, Circulation d'un Poisson : — 1, Sinus veineux ; — 2, Oreillette unique ; — 3, Ventricule unique ; — 4, Bulbe artériel ; — 5, Artère branchiale ; — 6, Vaisseaux des branchies dans lesquels se fait le changement du sang veineux en sang artériel ; — 7, Artère ou vaisseau dorsal ; — 8, Veine cave ; — 9, Rein ; — 10, Foie ; — 11, Intestin.

Planche 15.

Système circulatoire d'un Crustacé et d'un Insecte.

a, Système circulatoire de la Squille-mante injecté en rouge et vu par le dos. Le cœur est entouré par une membrane péricardique. On voit successivement les artères ophtalmiques, antennaires, gastriques gauches (celles du côté droit sont masquées par l'estomac) ; puis se voient les artères des pattes mâchoires, les artères abdominales latérales, abdominales supérieures, fournissant inférieurement les branches hépatiques. Dans toute l'étendue de l'abdomen, on voit les sections des muscles du dos, des membres, du ventre.

b, Abeille commune. Cette figure montre l'animal ouvert par le dos et laissant voir le vaisseau dorsal. Dans la tête, on distingue les ganglions nerveux 2, le nerf optique 3, les nerfs des antennes 4. Au-dessous, on suit l'œsophage, sur lequel se montre la portion aortique du vaisseau dorsal 1 ; sur les côtés, les troncs trachéens 5, distribuent leurs rameaux à tous les muscles. Dans l'abdomen, on voit, repliée sur elle-même, la plus grande partie de l'intestin 6, autour des parois duquel se distribuent les branches des larges trachées vésiculeuses placées sur les côtés et dont le trajet est indiqué.

Chez ces deux animaux la circulation est lacunaire.

Planche 16.

Appareil de la respiration chez la Mante. Les trachées communiquent au dehors par les ouvertures nommées *stigmates* et se ramifient dans la profondeur des divers organes pour y porter l'air atmosphérique.

Planche 17.

Organes de la circulation et de la respiration de l'Homme, vus par la face postérieure. On voit la mâchoire inférieure, le larynx, la trachée artère, les poumons, les bronches qui conduisent l'air aux poumons, le cœur, avec ses deux oreillettes et ses deux ventricules, les veines caves supérieure et inférieure s'ouvrant dans l'oreillette droite, l'artère pulmonaire allant du ventricule droit aux poumons, les veines pulmonaires se rendant des poumons à l'oreillette gauche, l'artère aorte, les artères carotides, les artères sous-clavières et les veines sous-clavières.

Planche 18.

Organes de la circulation et de la respiration de l'Homme, vus par la face antérieure. Cette planche montre les mêmes parties que la précédente; le larynx a été coupé en partie.

Planche 19.

Dispositions comparées de l'appareil circulatoire chez un Batracien à branchies persistantes, chez un Poisson, une Annélide et un Mollusque.

a, Protée, batracien qui possède à la fois des branchies et des poumons. Les branchies ont la forme de houppes ramifiées. Des branches des arcs aortiques postérieurs se ramifient dans les poumons et deviennent des artères pulmonaires.

b, Circulation chez la Raie. Le sang suit la direction des flèches. Le sang veineux arrive dans l'oreillette droite du cœur, passe dans le ventricule; de là, il est envoyé dans les vaisseaux branchiaux figurés en bleu. Devenu artériel au contact de l'air dissous dans l'eau, ce sang est pris par les vaisseaux rouges qui se réunissent pour former un vaisseau dorsal. Celui-ci se dirige en arrière, sous la colonne vertébrale, et donne des rameaux nourriciers à toutes les parties du corps.

c, Circulation de l'Arénicole des pêcheurs. L'animal est ouvert et vu en dessus. De la tête à l'extrémité du corps, on voit successivement la trompe 1, — le pharynx 2, — l'estomac 3, — les appendices cœcaux 4, — l'intestin, treize paires de branchies, le cœur 5, — le vaisseau dorsal 6, — puis ventral 7, — avec les veines branchiales 8, qui s'y rendent.

d, Agatine de Lamarck, mollusque gastéropode dont on voit le tube digestif 1 depuis la bouche jusqu'à l'anus; — 2, Ganglion nerveux dont deux branches forment le collier œsophagien. Le cœur 3, est formé d'une oreillette et d'un ventricule et représente la moitié gauche du cœur des Mammifères; — 4, Poumon; — 5, Foie.

Planche 20.

Organes respiratoires chez l'Oiseau et l'Holothurie, larynx de l'Homme.

a, Poumons et réservoirs aériens d'un Oiseau : — 1, Poumons et ramifications des bronches; — 2, Réservoir claviculaire; — 3, Réservoirs cervicaux; — 4, 4, Réservoirs diaphragmatiques antérieurs et postérieurs; — 5, Réservoirs abdominaux.

b, Holothurie. On voit les tentacules buccaux 1, de cet Échinoderme, puis l'œsophage, les circonvolutions intestinales 2 et le mésentère; — 3, L'ouverture de sortie du cloaque, lequel est entouré de fibres musculaires; — 4, Branche gauche et libre de l'appareil respiratoire; — 5, Vésicule centrale oblongue du système vasculaire externe.

c, Larynx de l'Homme vu de profil et montrant le muscle crico-thyroïdien.

d, Cartilages du larynx : 1, Os hyoïde; — 2, Cartilage thyroïde; — *c*, Muscle crico-thyroïdien inséré sur le cartilage thyroïde et le cartilage cricoïde.

e, Coupe du larynx montrant la face interne du cartilage thyroïde 1, du cartilage cricoïde 2 et du cartilage arythénoïde 3, liés entre eux par les muscles crico-arythénoïdien latéral 4 et thyro-arythénoïdien 5. Ces derniers faisceaux musculaires forment la partie charnue des cordes vocales.

f, Vue intérieure du larynx par sa face postérieure, pour montrer les muscles groupés autour des cartilages arythénoïdes postérieurs 1, 1, et arythénoïdiens 2.

g, Glotte vue par la partie supérieure du larynx; — 1, Épiglotte soulevée; — 2, cartilage thyroïde; — 3, Cordes vocales inférieures ; — 4 , Cartilage arythénoïde ; — 5, cartilage cricoïde.

h, Face interne et antérieure du larynx ; une portion de la membrane muqueuse a été soulevée pour faire voir la face interne du muscle thyro-arythénoïdien ; l'épiglotte est soulevée et permet de voir les deux replis qui surmontent les cordes vocales.

PLANCHES 21 ET 22.

Figure théorique relative à l'absorption des matières alimentaires et à la circulation chez l'Homme :—1, Cœur gauche séparé du cœur droit 2 et dont le ventricule donne naissance à l'artère aorte 3, qui va distribuer le sang dans toutes les parties du corps ; — 4, Artère pulmonaire qui se bifurque et porte le sang veineux aux poumons ; — 5, Veine cave supérieure, et 6, veine cave inférieure supposées réunies à leur embouchure dans l'oreillette droite où elles apportent le sang veineux uni aux matières absorbées de la digestion ; — 7, Portion de la veine porte qui se ramifie dans le foie à la manière d'une artère (la veine porte amène dans la veine cave inférieure les produits de la digestion absorbés par les veines) ; — 8, Canal thoracique faisant suite au réservoir de Pecquet ; ce canal se jette dans la veine sous-clavière gauche et y amène, pendant la digestion, les parties alimentaires puisées par les chylifères.

a, Globules du sang de la Grenouille vus de face. — **b,** Un de ces globules, vu de profil. — **c,** Un globule auquel on a détaché sa membrane entourante pour laisser voir le noyau.

PLANCHE 23.

Squelette de l'Homme et principales articulations du corps humain.

a, Articulation droite de l'épaule disséquée perpendiculairement par son milieu. On y voit la clavicule, l'omoplate dont la cavité glénoïde est garnie d'un cartilage ; l'extrémité supérieure de l'humérus ou tête, tapissée d'une couche cartilagineuse ; la capsule fibreuse et la capsule synoviale.

b, Articulation du coude gauche, coupée perpendiculairement et vue par son côté interne. La petite tête de l'extrémité inférieure de l'humérus et la tête du radius ont été sciées par moitié, afin de laisser voir la disposition de la membrane synoviale. On voit, dans cette figure, l'extrémité inférieure de l'humérus garnie de son cartilage ; le cubitus et son olécrâne ; le radius, dont la tête est garnie de son cartilage articulaire ; la membrane synoviale de l'articulation ; les ligaments elliptiques et ronds du cubitus ; le ligament inter-osseux.

c, Articulation de la cuisse gauche, sciée perpendiculairement et en travers. On voit, dans cette figure, l'os coxal ; la cavité cotyloïde garnie d'une couche cartilagineuse ; l'extrémité supérieure ou tête de fémur tapissée d'un cartilage ; la membrane synoviale, le ligament rond, la membrane fibreuse.

d, Articulation du genou droit, coupée perpendiculairement à sa partie moyenne. On voit, dans cette figure, la substance spongieuse de l'extrémité inférieure du corps du fémur ; le condyle externe couvert de son cartilage articulaire ; la rotule tapissée à sa partie interne d'une couche cartilagineuse ; une portion du corps du tibia ; la tubérosité articulaire de cet os, garnie de cartilage ; le tendon du muscle extenseur de la jambe; la membrane synoviale se continuant en dedans de la rotule, sous le tendon du muscle extenseur de la jambe, se réfléchissant sur le tibia, à la face interne du ligament poplité et autour du condyle du fémur.

PLANCHE 24.

Squelettes de mammifères : 1, Sajou (singe); — 2, Roussette (cheiroptère); — 3, Taupe (insectivore). Les noms des os de ces squelettes sont les mêmes que ceux de leurs analogues chez l'homme. Les formes de ces diverses parties servent à expliquer les attitudes et les mouvements.

PLANCHE 25.

Squelettes de mammifères :
a, Ours (carnassier plantigrade).
b, Civette d'Afrique (carnassier digitigrade).
c, Lynx ou Loup-cervier (carnassier digitigrade).

PLANCHE 26.

Cette figure représente le squelette d'un Pigeon (gallinacé). Le développement considérable que présentent le sternum et les ailes indique les habitudes de ces oiseaux qui sont d'excellents voiliers. L'aile a été relevée, afin de montrer comment l'épaule et les côtes s'attachent au sternum.

Planche 27.

Cette planche montre le squelette d'une Couleuvre (ophidien). Les vertèbres et les côtes sont très-nombreuses. Il
n'existe presque jamais de sternum. La mâchoire inférieure
est tenue au crâne par un os intermédiaire.

Planche 28.

Squelette de Chélonien (Tortue géométrique). On a enlevé le plastron sternal pour mettre à découvert les os des
membres et le bassin. La tête est renversée; les vertèbres
dorsales sont soudées ensemble et avec les côtes et constituent le bouclier dorsal désigné sous le nom de carapace;
l'omoplate, au lieu d'être placée sur les côtes et la colonne
vertébrale, comme dans les autres animaux, est attachée en
dessous, et se trouve en quelque sorte rentrée dans l'intérieur de la poitrine. L'extrémité supérieure de l'omoplate
s'articule avec deux os : l'un, analogue à l'os coracoïdien
des oiseaux, reste libre; l'autre, représentant la clavicule,
se réunit au plastron, de façon que les deux épaules forment
un anneau dans lequel passent l'œsophage et la trachée artère. Les os du bassin sont également suspendus à la carapace entre le bouclier et le plastron. Les membres offrent à
peu près les mêmes parties que dans le squelette des Mammifères.

Planche 29.

Cette planche donne les squelettes d'un Crocodilien, d'un Saurien et d'un Batracien.

a, Crocodile. Les côtes sont mobiles; elles s'élèvent et s'abaissent alternativement pour la respiration. Les membres, conformés pour la marche, sont si courts que le ventre de l'animal traîne jusqu'à terre. La mâchoire inférieure est suspendue au crâne par un os tympanique.

b, Caméléon. L'élévation des apophyses épineuses explique la forme tranchante du dos; les orbites sont grandes, séparées l'une de l'autre par une simple cloison membraneuse; l'omoplate longue, grêle, est terminée par un disque cartilagineux.

c, Grenouille. La colonne vertébrale se compose de vertèbres à corps concave en avant, convexe en arrière. Les os du bassin sont très-allongés en arrière et parallèles à la colonne vertébrale. Les os du tarse sont très-allongés et pourraient être pris, si l'on y regardait superficiellement, pour le tibia et le péroné.

Planche 30.

Cette planche contient plusieurs figures relatives au squelette de la Perche (poisson osseux).

a, Squelette : 1, Frontal principal; — 2, Pariétal; — 3, Occipital externe; — 4, Sphénoïde; — 5, Ethmoïde; — 6, Nasal; — 7, Intermaxillaire; — 8, Maxillaire supérieur;

— 9, Mâchoire inférieure ; — 10, Temporal ; — 11, Jugal ;
—12, Tympanal ou carré; — 13, Os transverse; — 14, Ptery-
goïdien interne ; — 15, Symplectique ; — 16, Opercule ;
— 17, Préopercule ; — 18, Sous-opercule ; — 19, Inter-
opercule ; — 20, Sous-orbitaires ; — 21, Sous-temporaux ;
— 22, Os branchiostéges ; — 23, Apophyses épineuses supérieures des vertèbres ; — 24, Apophyses épineuses inférieures des vertèbres ; — 25, Côtes ; — 26, Côtes surnu-
méraires ; — 27, Os inter-épineux engagé dans les chairs et
supportant les nageoires verticales ; — 28, Rayons épineux ;
— 29, Rayons de la nageoire de la queue articulés direc-
tement avec les apophyses des vertèbres ; — 30, Nageoire
pectorale ; — 31, Nageoire ventrale ; — 32, Os sus-scapu-
laire qui lie l'épaule au crâne ; — 33, Scapulaire ; — 34,
Huméral ; — 35, Radial ; — 36, Carpe ; — 37, Os coracoïdien ; — 38, Os longs de l'extrémité postérieure.

b, Tête de Perche dont on a enlevé les maxillaires et les
opercules pour montrer comment l'appareil branchial tient
au crâne. On voit intérieurement les arcs branchiaux (1) et
pharyngiens (2) s'appuyant sur la chaîne d'osselets (3) de
l'os hyoïde.

c, Le premier arc branchial du côté gauche garni à sa
face interne de ses crochets pharyngiens, et à sa face externe de ses lamelles nombreuses en forme de peigne, sur
lesquelles les vaisseaux sanguins viennent ramper. Ces
lames constituent la partie essentielle des branchies du plus
grand nombre des Poissons.

d, Face latérale d'une des dernières vertèbres dorsales.

e, Face antérieure de la même vertèbre.

f, Coupe longitudinale.

———————

Planche 31.

Cette planche donne trois squelettes de Mammifères.
a, Phoque ou Lion marin (carnassier amphibie).
b, Capromis (rongeur).
c, Aï (édenté).

Planche 32.

Cette planche donne trois squelettes de Mammifères.
a, Sanglier (pachyderme).
b, Lamantin d'Amérique (sirénien).
c, Bœuf (ruminant).

Planche 33.

Cette planche réunit un certain nombre de pattes de Mammifères, pour faire voir la différence de structure de ces organes de locomotion.

a, Pattes antérieure et postérieure de la Roussette à crinière. Le bras, l'avant-bras et les doigts deviennent les charpentes d'une aile.

b, Patte postérieure gauche d'un Ours de Californie; cet animal est plantigrade.

c, Patte antérieure de la Taupe d'Europe, disposée pour fouir et creuser.

d, Patte postérieure gauche du Jaguar du Brésil, disposée pour la course: cet animal est digitigrade.

e, f, Extrémité de la phalange onguéale du Chat. Les Chats ont la faculté de relever les ongles en marchant ; ce qui a un double effet : 1° de rendre leur marche silencieuse, 2° d'éviter que les ongles s'émoussent en appuyant sur le sol dans la marche. La phalange onguéale est plus courte que haute, et son bord postérieur, profondément échancré, tourne sur la tête de la deuxième phalange qui est creusée à cet effet. De cette phalange part un ligament élastique qui tient redressés la phalange et son ongle, sans aucun effort musculaire. Dans la position renversée, qui est celle du repos, la phalange onguéale est couchée en arrière et regarde le ciel. Elle est retenue par des ligaments jaunes qui sont la cause de cette contractilité, et par la capsule articulaire. Si les muscles fléchisseurs agissent, la partie de la phalange onguéale, articulée avec la seconde phalange, est tirée en arrière à l'aide de deux appendices auxquels s'attachent ces muscles, propres à faire saillir l'ongle ou à fléchir la phalange, ce qui est la même chose.

g, Patte postérieure droite du Tatou.

h, Patte antérieure du Cochon. L'extrémité des doigts est enveloppée par un sabot ; les deux doigts antérieurs touchent seuls la terre, les deux autres sont relevés.

i, Membre antérieur d'un Phoque, disposé pour la natation.

j, Coupe médiane et longitudinale d'un pied de Cheval : 1, Paturon ; — 2, Couronne ; — 3, Os du petit pied ; — 4, Extenseur du paturon.

k, Extrémité antérieure d'un membre de Dauphin.

l, Squelette du doigt bien développé du Cheval montrant le paturon, la couronne et l'os du petit pied.

Planche 34.

Squelette de l'Ibis et aile de Moineau étalée. Dans l'aile étalée, les plumes tectrices ont été enlevées afin de montrer l'attache des rémiges sur les os de l'avant-bras et de la main. Le bord externe du cubitus est occupé par les pennes secondaires ou cubitales. Deux lames de tissu fibreux, étendues de l'extrémité des doigts au coude, embrassent le tube de la plume jusqu'à une certaine étendue, et les maintiennent fixes et à distance égale. Les pennes bâtardes sont fixées sur le pouce.

Planche 35.

Cette planche montre les diverses formes que présentent les têtes et les pattes des Oiseaux.

a et **a'**, Tête et patte de Faucon (rapace).

b et **b'**, Tête et patte de Merle (passereau).

c et **c'**, Tête et patte du Pic du Cap (grimpeur).

d et **d'**, Tête et patte de Faisan (gallinacé).

e et **e'**, Tête et patte de Héron (échassier).

f et **f'**, Tête et patte de Canard (palmipède).

PLANCHE 36.

Cette planche expose diverses formes de têtes et de pattes de Reptiles et de Batraciens.

a, b, Tête et patte antérieure de Tortue marine (chélonien).

c, d, Tête et patte antérieure de Tortue de terre (chélonien).

e, f, Tête et patte de Caméléon (saurien).

g, h, i, Tête et patte de Gecko (saurien).

j, Tête de Crotale (ophidien). Cette figure montre l'appareil venimeux de cet animal; on y voit la glande venimeuse dont le conduit excréteur aboutit à la grande dent mobile; les muscles élévateurs de la machoire qui recouvrent en partie la glande et peuvent la comprimer; les glandes salivaires qui garnissent les bords des mâchoires; les narines.

k, l, m, Tête et pattes de Crapaud (batracien).

PLANCHE 37.

Cette planche donne plusieurs figures relatives aux organes de la locomotion. Dans la grande figure sont représentés la partie inférieure du tronc de l'Homme et les membres inférieurs. D'un côté a été dessinée la couche superficielle des muscles du ventre, de la cuisse, de la jambe et du pied ; de l'autre côté, se trouvent représentés les os du bassin, l'os de la cuisse, les os des jambes et ceux du pied. Quelques muscles ont été remplacés par des cordes qui font comprendre la direction des mouvements produits par les muscles. Les points d'attache des cordes, sur les os, sont les mêmes que ceux par lesquels aurait lieu l'insertion des muscles. — **a**, Faisceau primitif d'un muscle strié, c'est-à-dire marqué en travers, et perpendiculairement à son axe, de lignes horizontales très-rapprochées. — **b**, Faisceaux primitifs diminuant de longueur (contraction) par des inflexions successives. — **c**, **d**, **e**, **f**, montrent les variations que présente la direction des fibres musculaires. — **c**, Rayonnées (temporal). — **d**, Penniformes (brachial antérieur) dont les fibres sont disposées comme les barbes d'une plume. — **e**, Semi-penniformes. — **f**, Muscle biceps. — **g** et **h**, montrent l'action du muscle brachial antérieur. Les fibres charnues insérées obliquement sur le tendon, agissent, en se contractant, comme des mains saisissant une corde agiraient sur cette corde pour entraîner un corps pesant. — Les figures **i** et **j** sont destinées à faire comprendre la différence que présente un muscle dans l'état de relâchement et dans l'état de contraction de ses fibres. La figure **i** le montre allongé et en repos. Dans la figure **j**, le muscle a entraîné, en se contractant, les os de l'avant-bras et rapproché la main de l'épaule. Une ligne pointée indique le changement d'état de ce muscle qui, d'aplati et d'allongé qu'il est dans la figure **i**, devient ici saillant, convexe et dur.

PLANCHE 38.

Cette planche montre l'appareil cérébro-spinal de l'Homme sous deux aspects : l'un est l'ensemble de ces organes vus de face, l'autre les mêmes organes vus de profil et contenus dans le crâne et le canal vertébral.

La figure **a** représente le cerveau renversé en arrière, de façon qu'on puisse voir la base de cet organe et les nombreux troncs ou filets qui naissent de cette partie. — 1, Extrémité antérieure de la grande scissure du cerveau ; — 2, Lobe antérieur ou frontal ; — 3, Surface orbitaire et aplatie du cerveau ; — 4, Scissure de Sylvius ; — 5, Partie sphénoïdale du lobe postérieur ; — 6, Tige pituitaire ; — 7, Tubercules mamillaires ; — 8, Pédoncules cérébraux ; — 9, Protubérance annulaire ou pont de Varole ; — 10, Pyramide antérieure ; — 11, Corps olivaire ; — 12, Bulbe rachidien ; — 13, Hémisphère du cervelet ; — 14, Partie occipitale du lobe postérieur du cerveau ; — 15, Nerf olfactif ; — 16, Nerf optique ; — 17, Nerf moteur oculaire commun ; — 18, Nerf pathétique ; — 19, Grosse et petite racine du trijumeau ; — 20, Nerf moteur oculaire externe ; — 21, Nerf facial ; — 22, Nerf acoustique uni au nerf facial par le nerf de Wrisberg ; — 23, Nerf glosso-pharyngien ; — 24, Nerf pneumo-gastrique ; — 25, Nerf spinal ; — 26, Nerf grand hypoglosse.

p, **b**, Plexus brachial, d'où naissent les nerfs du membre supérieur.

n, **r**, Nerfs rachidiens.

p, **s**, Nerfs lombaires et sacrés formant les plexus d'où naissent les nerfs des membres inférieurs.

La figure **b** représente une coupe verticale du crâne et du rachis. On voit de profil l'appareil cérébro-spinal, à savoir : le cerveau protégé par les membranes, les os et la peau : le cervelet, le bulbe rachidien et la moelle épinière, avec les origines des nerfs rachidiens. Cette figure sert aussi à faire comprendre la constitution de la colonne vertébrale, ses courbures, sa division en région cervicale **v**, **c**, qui comprend sept vertèbres ; — dorsale **v**, **d**, qui en comprend douze ; — lombaire **v**, **l**, qui en comprend cinq. — Elle est terminée par le sacrum **s**, auquel fait suite le coccyx **c o**.

Planche 39.

Anatomie du cerveau de l'Homme.

La figure supérieure montre la face supérieure du cerveau partagée en deux lobes. La partie antérieure de cet organe est en **a**, la partie postérieure en **c**. On voit, à la surface de ces deux lobes, les circonvolutions cérébrales.

La figure inférieure représente une coupe verticale du cerveau, du cervelet et de la moelle allongée.

a, Lobe antérieur.

b, Lobe postérieur.

c, Lobe moyen.

d, Cervelet.

e, Moelle épinière.

f, Coupe du corps calleux. Cette partie est située au fond de la scissure qui sépare les deux hémisphères du cerveau ; au-dessus de cette bande transversale de matière blanche, se trouvent les ventricules latéraux du cerveau.

g, Lobes optiques cachés sous la face inférieure du cerveau. — 1, Nerf olfactif; — 2 et 2', OEil dans lequel vient se terminer le nerf optique dont la racine se prolonge jusqu'aux lobes optiques, en contournant la protubérance annulaire; — 3, Nerf moteur oculaire commun ou de la troisième paire; — 4, Nerf pathétique ou de la quatrième paire; — 5, Nerf trijumeau ou de la cinquième paire; 5', Branche maxillaire supérieure; 5", Branche ophtalmique; 5''', Branche maxillaire inférieure; — 6, Nerf moteur oculaire externe ou de la sixième paire, se rendant aux muscles de l'œil; — 7, Nerf facial ou de la septième paire; — 8, Tronçon du nerf acoustique ou de la huitième paire; — 9, Nerf glosso-pharyngien ou de la neuvième paire; — 10, Nerf pneumo-gastrique ou de la dixième paire; — 11, Nerf spinal ou de la onzième paire; — 12, Nerf hypoglosse ou de la douzième paire.

PLANCHE 40.

Distribution des nerfs chez un animal vertébré, le Chien.

a, a', g, g, g, g, Cerveau, cervelet, moelle allongée, moelle épinière.

b, Nerf optique.

b', Nerf olfactif.

c, Branche du nerf spinal.

d, Nerf grand hypoglosse.

e, Nerf glosso-pharyngien.

f, Nerf ophtalmique.

e', o, Nerf grand sympathique recevant des filets des paires de nerfs qui sortent de la moelle épinière.

i, Plexus brachial formé par les rameaux des trois dernières paires cervicales et de la première dorsale.

h, Nerf thoracique.

j, **k**, **l**, Nerfs cutané, interne, médian, cubital, radial.

e", **e"'**, Nerfs diaphragmatiques inférieurs qui se rendent à l'estomac.

m, Ganglion semilunaire.

n, Plexus pour l'artère mésentérique inférieure.

s, L'un des nerfs lombaires prolongé jusque sur les flancs.

s', Un des nerfs intercostaux prolongé jusque sur les flancs.

o, Plexus sacré.

p, Nerf crural.

q, Nerf sciatique.

r, Nerf tibial.

La figure 1 donne une section horizontale d'une vertèbre, montrant la moelle épinière dans ses rapports avec le canal vertébral; — 2, Coupe de la moelle montrant les sillons antérieur et postérieur et les racines antérieures et postérieures des nerfs rachidiens; — 3, Circonvolutions cérébrales; — 4, Lames du cervelet; — 5, Moelle vue par sa partie postérieure, pour montrer les bouts périphériques et les bouts centraux de la racine postérieure, après la section; — 6, Moelle vue par sa partie antérieure pour montrer, d'un côté, les deux racines intactes; d'un autre côté, les bouts périphériques et centraux de la racine antérieure, après la section; — 7, Terminaison des nerfs dans les muscles. Cette figure montre des fibres musculaires parallèles, une branche nerveuse, la division de cette branche en rameaux, et ses tubes primitifs anastomosés en anses ou en arcades.

Planche 41.

Grand sympathique chez l'Homme.

Le nerf grand sympathique comprend une double série de ganglions qui sont placés tout le long de la colonne vertébrale, s'unissent par des filets nerveux aux nerfs qui naissent de l'axe cérébro-spinal et distribuent des branches au cœur, au poumon, à l'estomac, aux intestins, etc.

On les partage en quatre portions.

1° Portion céphalique, qui est formée par les ganglions sphéno-palatin, ophtalmique, optique, carotidien;

2° Portion cervicale, qui est formée par les ganglions cervical supérieur 1, moyen 2, inférieur et les nerfs cardiaques;

3° Portion thoracique qui est formée par douze ganglions correspondant à chacune des vertèbres dorsales. Parfois le dernier ganglion cervical est uni au premier thoracique et le dernier thoracique au premier lombaire. Cette portion est encore formée par les nerfs splanchniques.

4° Portion lombaire, qui est formée par des ganglions correspondant à chacune des vertèbres lombaires ou des divisions du sacrum et par le plexus lombo-aortique, le plexus aortique proprement dit, le plexus mésentérique inférieur, le plexus sacré et le plexus hypogastrique, qui fournit de nombreuses branches aux organes abdominaux.

Planche 42.

Coupe horizontale d'un cerveau humain et encéphale de divers animaux.

a, Coupe du cerveau montrant le corps calleux qui unit les deux moitiés du cerveau ; sur les côtés, on voit rayonner les grandes couches fibreuses des hémisphères. — **b,** Encéphale du Lion ; — **c,** de la Sarigue. — **d,** du Castor ; — **e,** de la Poule ; — **f,** de la Tortue ; — **g,** du Crocodile ; — **h,** de la Couleuvre à collier ; — **i,** de la Grenouille ; — **j,** de la Perche ; — **k,** du Trigle ; — **l,** de la Torpille.

Planche 43.

Systèmes nerveux d'invertébrés. Le système nerveux est ganglionnaire et symétrique chez l'Eunice sanguine **a,** (annélide) ; — Chez la Sangsue **b,** (annélide) ; — Chez le Maïa squinado (crustacé). Chez cet animal, la chaîne nerveuse est réduite à deux masses ganglionnaires, l'une cérébroïde, 1, l'autre thoracique, 2, réunies par un collier œsophagien et fournissant des branches nerveuses. — **e,** Système nerveux ganglionnaire et symétrique du Carabe doré (insecte). — **f,** Système nerveux ganglionnaire et insymétrique de l'Argonaute (mollusque céphalopode). — **g,** Système nerveux ganglionnaire et insymétrique du Vermet (mollusque). — **h,** Système nerveux rayonné de l'Actinie brune (rayonné ou zoophyte).

PLANCHE 44.

Organes accessoires de la vision.

a, Appareil lacrymal vu de face : — 1, Glande lacrymale ; — 2, 2, Points lacrymaux ; — 3, Sac lacrymal ; — 4, Canal nasal.

b, Face interne du même appareil.

c, Muscles de l'œil isolés les uns des autres : — 1, Muscle droit supérieur ; — 2, Muscle droit inférieur ; — 3, 4, Muscles droits latéraux : — 5, Grand oblique ; — 6, Petit oblique.

d, Mêmes muscles pour montrer leur insertion antérieure sur le globe de l'œil.

e, Cavité orbitaire mise à découvert par sa face externe, pour faire voir les muscles en place, dans leurs rapports réels.

f, Coupe de la cornée transparente faisant apparaître la membrane iris qui était séparée de la cornée par la chambre antérieure de l'humeur aqueuse.

g, Coupe de l'œil d'avant en arrière, pour montrer la richesse en vaisseaux sanguins de la membrane choroïde.

h, Globe de l'œil vu de profil. Les muscles ont été détachés de la surface.

Planche 45.

Coupe verticale du globe oculaire pour montrer les différentes parties de l'œil et la marche des rayons lumineux à travers les milieux réfringents de l'œil :

1, Nerf optique ; — 2, Sclérotique ; — 3, Cornée transparente ; — 4, Choroïde ; — 5, Rétine ; — 6, Iris ; — 7, Canal de Fontana ou cercle veineux de l'iris ; — 8, Pupille ; — 9, Corps ciliaire ; — 10, Procès ciliaire ; — 11, Ligament ou cercle ciliaire ; — 12, Paroi antérieure du canal godronné ; — 13, Portion ciliaire de la membrane hyaloïde ou paroi postérieure du canal godronné ou de Petit ; — 14, 15, Chambre antérieure et chambre postérieure limitées par la membrane de Demours, contenant l'humeur aqueuse ; — 16, Cristallin entouré de sa capsule ; — 17, Humeur vitrée contenue dans la membrane hyaloïde.

Une flèche **ab**, placée devant l'œil, envoie une foule de rayons lumineux qui s'engagent dans l'ouverture formée par la pupille ; deux d'entre eux, **ad, bc**, sont réfractés en traversant les milieux transparents de l'œil et viennent limiter sur la rétine une image **a' b'** renversée de la flèche **ab**.

PLANCHE 46.

Différentes portions de l'œil de l'Homme et yeux d'animaux :

a, Coupe de l'œil destinée à montrer les procès ciliaires.

b, Artères de la membrane iris.

c, Disposition intérieure de la rétine.

d, Coupe horizontale de l'œil de la Baleine, montrant la convexité des milieux transparents.

e, Coupe de l'œil de l'Aigle, montrant le repli de la choroïde appelé le *peigne*.

f, Coupe de l'œil de la Tortue bourbeuse.

g, Coupe de l'œil de la Perche.

h, Coupe de l'œil de l'Écrevisse.

i, Coupe d'un œil du Scorpion.

j, Yeux lisses de la Chenille du saule auxquels arrive une branche du nerf optique.

k, Portion de la cornée transparente de l'œil composé de l'Abeille avec les poils placés dans l'intervalle des cornéules.

l, Dispositions des facettes d'un œil de Mouche.

m, Coupe longitudinale d'un œil de Hanneton, montrant les cornées, les milieux transparents, le pigment et les filets nerveux nés du nerf optique.

n, Coupe horizontale de l'œil de la Seiche montrant le nerf optique renflé et le cristallin embrassé par les procès ciliaires.

o, OEil de Colimaçon.

Planche 47.

Vue d'ensemble de l'appareil de l'audition, destinée à montrer les rapports des diverses parties qui composent l'oreille externe, l'oreille moyenne et l'oreille interne. Autour de la conque, on voit l'hélix **q**, l'anthélix **a**, la fossette de l'anthélix **a'**, le tragus **t'**, l'antitragus **t**, le lobule **l**, le canal auditif externe **c**, au fond duquel est la membrane du tympan **m**. Au delà se voit la caisse du tympan derrière laquelle sont placés les osselets de l'ouïe. Au-dessus, l'os a été disséqué pour montrer les trois canaux semi-circulaires **1, 2, 3**, puis le limaçon **v**, la trompe d'Eustache **e**. A la face inférieure de l'os se voit l'apophyse **s**.

Planche 48.

Oreille humaine préparée pour montrer l'os temporal **a**, la trompe d'Eustache **t**, la membrane du tympan **e**, les osselets de l'ouïe **m** et les muscles qui les font mouvoir ; — **b**, Partie osseuse de l'oreille interne, vue par sa partie antérieure ; elle montre les trois canaux semi-circulaires **1, 2, 3**, la première rampe du limaçon **4**, les osselets de l'ouïe **5**, en place, de façon à faire voir l'étrier appliqué sur la fenêtre ovale du vestibule ; — **c**, Fenêtre ronde ; — **d**, Osselets de l'ouïe vus dans leurs rapports avec la membrane du tympan ainsi que les muscles qui les font mouvoir ; — **m'**, Marteau ; — **e'**, Enclume ; — **e''**, Étrier ; — **e**, Section longitudinale des canaux semi-circulaires et du limaçon.

Planche 49.

Appareil du goût et de l'odorat chez l'Homme. — **a**, Fosses nasales de l'Homme ; coupe montrant les cornets des fosses nasales avec les filets nerveux qui s'y distribuent. — **b**, La même figure sur laquelle on voit l'os vomer qui sépare les deux fosses nasales. — **c**, **d**, Coupe des fosses nasales, prise d'arrière en avant, pour montrer les replis des cornets et de la membrane olfactive qui les tapisse. — **e**, Langue vue par sa face supérieure, pour montrer les papilles filiformes 1, les papilles coniques 2, les papilles caliciformes 3. — **f**, Langue vue de profil : on y voit les branches et les filets des nerfs qui se distribuent dans la langue, hypoglosse 1, glosso-pharyngien 2, lingual 3, le premier se distribuant dans les muscles, le second se ramifiant à la surface de la langue et présidant à la sensibilité gustative, le troisième est un nerf tactile.

Planche 50.

Appareil olfactif de Mammifères. — **a**, Parois osseuses des fosses nasales chez l'Homme. — **b**, Fosses nasales du Chien ; **b'**, coupe transversale des mêmes parties pour montrer les replis nombreux des cornets et de la membrane olfactive. — **c**, Fosses nasales du Lion. — **d**, Fosses nasales du Lapin. — **e**, Fosses nasales du Cheval. — **f**, Fosses nasales du Sanglier. — **g**, Fosses nasales du Bœuf.

Planche 51.

Appareil du toucher. — **a**, Coupe de la peau chez l'Homme, montrant l'épiderme 1, le corps muqueux 2, le derme 3, les papilles accouplées du derme 4, le tissu cellulaire sous-cutané 5, au milieu duquel se dessinent les glandes sudoripares 6, terminées par des conduits excréteurs flexueux. — **b**, Groupe de papilles. — Diverses couches de la peau soulevées, chez un blanc **c**, chez un nègre **d**. — **e**, Papille isolée contenant des tubes nerveux primitifs terminés en anse.

Planche 52.

Transformation et développement de l'Oiseau dans l'œuf. — **a**, Organes reproducteurs d'une Poule : on y voit des œufs à divers degrés de maturité, la grappe est surmontée d'un calice vide abandonné par l'œuf que l'on voit, plus bas, engagé dans l'oviducte, au point où se fait la coquille. L'intestin est dessiné derrière l'œuf. — **b**, Coupe idéale de l'œuf de Poule ; du côté du pôle obtus se trouve la chambre à air. Sous la coquille se voient la membrane testacée, puis les couches de blanc d'épaisseur différente, dont la plus intérieure tient aux chalazes, puis le jaune, la cavité centrale du jaune surmontée d'un canal allant de cette cavité à la cicatricule. — **c**, Champ transparent de la cicatricule du jaune de l'œuf, après quarante heures d'incubation. Au milieu se voient les rudiments de l'axe nerveux cérébro-spinal et de la colonne vertébrale, ainsi que les veines primo-géniales. — **d**, Fœtus de Poule après soixante-dix heures d'incubation ; dans le champ de la cicatricule, on voit l'embryon ; le système vasculaire a pris un grand développement ; toutes les veines se réunissent à la base du cœur. — **e**, Les parties du

Poulet au treizième jour de l'incubation. Cette figure fait voir le fœtus, les rudiments de l'aile et de la patte gauches, le cœur, le foie, l'estomac, l'anse intestinale encore située hors du corps, le canal qui va du jaune à l'intestin, la veine et l'artère ombilicales, le sac contenant le jaune à la surface duquel rampent les ramifications des vaisseaux omphalo-mésentériques. — **f**, Fœtus après dix jours d'incubation ; cette figure montre la vésicule ombilicale, l'allantoïde, le Poulet renfermé dans son amnios.

PLANCHES 53-54.

Essai de classification du règne animal.

La planche représente un animal pour chaque groupe.

VERTÉBRÉS : Mammifère, 1, Vache. — Oiseau, 2, Éventail ou Gorgone. — Reptile, 3, Crotale. — Batracien, 4, Salamandre. — Poisson, 5, Maquereau.

ANNELÉS, *Articulés :* Insecte, 1, Agrion. — Myriapode, 2, Scolopendre. — Arachnide, 3, Faucheux. — Crustacé, 4, Crabe. — *Vers :* Annélides, 5, Térébelle. — Nématoïde, 6, Filaire. — Trématodes, 7, Douve. — Cestoïde, 8, Ténia. — *Rotateurs :* Brachionides, 9, Brachion.

MOLLUSQUES : Céphalopode, 1, Seiche. — Ptéropode, 2, Cymbulie. — Gastéropode, 3, Limace. — Acéphale, 4, Huître. — Tunicier, 5, Botrylle. — Bryozoaire, 6, Plumatelle.

RAYONNÉS OU ZOOPHYTES : Echinoderme, 1, Holothurie. — Acalèphe, 2, Méduse. - Polype, 3, Actinie. — Infusoire, 4, Enchelys. — Spongiaire, 5, Éponge.

a, Singe ouvert (Vertébré). — **b**, Hermelle alvéolaire ouverte (Annélide). — **c**, Aplysie ouverte (Mollusque). — **d**, Méduse (Zoophyte).

BOTANIQUE.

Planche 1.

Eléments de tissus et tissus élémentaires des végétaux.
a, Cellule ponctuée. — **b**, Cellule annulaire. — **c**, Cellule rayée. — **d**, Cellule spirale, — **e**, Coupe transversale de la tigelle d'une Citrouille, dans le moment qu'elle ne contient que du tissu cellulaire. — **f**, Cellules arrondies. — **g**, Cellules contenant des cristaux. — **h**, Vaisseaux à parois entières. — **i**, Coupe transversale de cellules fibreuses prises dans la partie centrale d'une Poire. — **j**, Tissu cellulaire à cellules ponctuées formant la moëlle du Sureau.

Planche 2.

Tissu des Végétaux. — **a**, Fibres prises dans la Clématite commune. — **b**, Coupe transversale de ces fibres. — **c**, Cellules allongées. — **d**, Trachée se déroulant. — **e**, Coupe longitudinale des fibres du Pin commun. — **f**, Trachées à plusieurs fils parallèles, prises dans le Bananier.— **h**, **i**, dispositions de trachées en spirale. — **j**, Faisceau primitif de trachées du Potiron se divisant en deux branches. — **k**, Fragment d'un vaisseau rayé et réticulé. — **l**, Fragment d'un vaisseau rayé, prismatique, d'une Fougère, l'Osmonde royale. — **m**, Fragment d'un vaisseau ponctué pris dans la Clématite. — **n**, Fragment de vaisseau ponctué du Gui. — **o**, Vaisseau annulaire tiré de la tige de la Balsamine commune. — **p**, Fragment de vaisseau ponctué tiré de la Vigne et accompagné de fibres ponctuées. — **q**, Portion de tige de la Balsamine : 1, Vaisseau annelé; 2, Vaisseau spiro-annelé; 3, Vaisseaux spiraux; 4, Vaisseau réticulé. — **u, v**, Vaisseaux laticifères tirés de l'axe d'un jeune bourgeon de Chélidoine.

Planche 3.

Germination, formation du Gynécée.

a, Graine de Fève en germination, montrant la radicule sortie la première et allongée. — **b**, Embryon de la Fève privé des téguments de la graine, montrant sa radicule et ses deux cotylédons. — **c**, Le même embryon privé de sa radicule. — **d**, Le même embryon auquel on a retranché un cotylédon pour laisser voir la tigelle dont on a exagéré le développement. — **e**, Graine d'Arum en germination, montrant les racines coléorhizées. — **f**, Coupe verticale de la graine de Nénuphar blanc : 1, funicule; 2, hile; 3, micropyle; 4, raphé; 5, 5, arille; 6, téguments de la graine; 7, chalaze; 8, albumen farineux développé dans le nucelle; 9, albumen charnu développé dans le sac embryonnaire; 10, embryon. — **g**, Coupe de l'ovaire de la Lysimaque vulgaire, montrant un placenta central libre chargé d'ovules. — **h**, Coupe d'un ovaire avec un placenta central libre conique, portant des ovules attachés par un funicule. — **i**, Coupe horizontale d'un Melon, montrant les cloisons placentaires munies d'ovules. — **j**, Coupe horizontale du fruit de la Violette, montrant ses trois placentas pariétaux. — **k**, Gousse de Genêt, après la déhis-cence, montrant son placenta pariétal et marginal dédoublé. — **l**, Fruit multiple du Frambroisier, formé des carpelles de la même fleur devenus charnus. — **m, n, o, p, r, s, t, u**, Figures théoriques pour expliquer la formation du gynécée, — **m**, Feuille carpellaire supposée plane. — **n**, La même déjà un peu repliée, mais dont les bords sont encore libres. — **o**, La même à bords réunis et constituant une cavité ovarienne. — **p**, Trois feuilles carpellaires indépendantes, formant un verticille; l'une d'elles a été ouverte pour laisser voir un placenta chargé d'ovules. — **r**, Trois feuilles car-pellaires réunies à la base par leurs bords et formant un ovaire triloculaire; l'une d'elles, fendue, laisse voir un pla-centa axile. — **s**, Trois feuilles carpellaires à bords réunis pour former un ovaire, un style unique; les sommets des feuilles sont recouverts de papilles stygmatiques. — **t**, Coupe verticale d'un ovaire dans lequel se trouve un long placenta central portant deux ovules. — **u**, Embryon d'Amandier dont on a enlevé les deux cotylédons pour faire mieux voir la tigelle et sa gemmule.

Planche 4.

Parties souterraines des Plantes. — **a**, Tige souterraine ou rhizome du Sceau de Salomon. — **b**, Racine de Géranium. — **c**, Racines de Filipendule. — **d**, Racine pivotante du Radis. — **e**, Racine pivotante de la Carotte. — **f**, Racines renflées d'Asphodèle. — **g**, Rameaux souterrains et rameaux aériens de la Pomme de terre. — **h**, Racine pivotante d'une Mauve. — **i**, Racine de Bistorte. — **j**, Racine de Dahlia.

PLANCHE 5.

Absorption par les racines. — **a**, Radicule de l'embryon du Haricot, développée en pivot, et portant régulièrement, 4 par 4, des racines secondaires : 1, coupe horizontale du pivot, montrant en cet endroit huit faisceaux fibro-vasculaires; 2, coupe horizontale du pivot à un niveau inférieur, et montrant quatre faisceaux fibro-vasculaires (Clos). — **b**, Portion de racine de Poa, avec poils radicaux. — **c**, Exfoliation de la piléorhize du Blé. — **d** et **e**, Deux arbres disposés de façon que, dans le premier, **d**, les radicelles seules plongent dans l'eau, tandis que le corps de la racine est abrité du contact de l'air; l'arbre a continué de végéter. Dans le second **e**, on a placé le corps de la racine dans l'eau, tandis que les radicelles sont privées de son contact; la végétation s'arrête et les feuilles se sont flétries. Ces deux expériences établissent que c'est dans les dernières portions radiculaires que réside surtout la propriété d'absorption. — **f**, Appareil de Halles qui a servi à mesurer la force avec laquelle monte la sève d'un cep de Vigne. Cette force a fait monter le mercure dans la grande branche à une hauteur de un mètre. — **g**, Endosmomètre de Dutrochet. — **h**, Racine pivotante, branchue, du Frêne à fleurs; la régularité de position des racines secondaires, tertiaires, etc., est masquée.

PLANCHE 6.

Racines adventives et boutures. — **a**, Figuier des Pagodes dont les branches donnent naissance à de nombreuses racines adventives qui descendent à terre et s'y fixent. —

b, Tige d'une Vanille courant le long d'une serre et émettant des racines adventives aériennes. — **c,** Lierre garni de racines adventives qui font office de crampons et avec lesquelles il s'accroche aux pierres, aux arbres, etc. — **d,** Marcotte naturelle du Fraisier, au moyen de stolons. — **e,** Primevère âgée de plusieurs années ; sa racine s'est détruite et de nombreuses racines adventives se sont établies sur la base de sa tige. — **f,** Chiendent ou Froment rampant ; sa tige se garnit de racines adventives de distance en distance. — **g, h, i, j, k,** Boutures de diverses sortes : — **g,** Bouture par rameaux avec talon. — **h,** Bouture par crossettes. — **i,** Bouture par tronçon de racine. — **k,** Bouture par étranglement.

PLANCHE 7.

a, Passage d'un faisceau fibro-vasculaire d'une branche dans un pétiole ; les éléments de tissu qui occupent la portion interne de la branche passent à la partie supérieure du pétiole. — **b,** Coupe longitudinale d'une portion de feuille de Pin maritime. — **c,** Coupe transversale de la feuille de Pommier. — **h,** Coupe transversale d'une feuille de Potamot, feuille submergée. (Les trois figures **b, c, h,** dessinées au microscope, appartiennent au travail de M. A. Brongniart, sur la structure et les fonctions des feuilles). — **e,** Bourgeon écailleux de l'Érable sycomore ; on voit les coussinets qui persistent après la chute de la feuille, puis les écailles imbriquées du bourgeon. — **d,** Coupe transversale du même bourgeon. — **f,** Branche de Lilas portant des bourgeons opposés, revêtus d'une enveloppe écailleuse ou pérule. — **g,** La même, coupée verticalement, pour faire voir l'inflorescence formée dès l'automne dans les bourgeons. — **i**, Vrille partant de l'aisselle de la feuille dans le Nandhirobe. — **j**, Feuille de Népenthes. — **k**, Portion d'une feuille de Palmier. — **l**, Feuille de l'Hydrogéton à fenêtres. — **m**, Stipules axillaires d'un Céphalanthe. — **n**, Feuille de Dionée gobe-mouche. — **o**, Feuilles et stipules du Trèfle. — **p**, Position des folioles d'une Sensitive en sommeil. — **q**, Feuille et ligule du Phalaris. — **r**, Rameaux transformés en épines. — **s**, Épines sur un Cactus. — **t**, Aiguillons ou productions épidermiques.

Planche 8.

Diverses formes des feuilles. — **a**, Feuille palmatifide d'Abutilon. — **b**, Feuille palmatilobée du Lavatera. — **c**, Feuille quadrilobée du Liriodendron. — **d**, Feuille palmati-séquée du Ricin. — **e**, Feuille palmatifide du Platane. — **f**, Feuille lobée de la Vigne. — **g**, Feuille palminerviée du Liquidambar. — **h**, Feuille peltinerviée de l'Écuelle d'eau. — **i**, Feuille dentée en cœur du Thlaspi d'Arménie. — **j**, Feuille ternée du Mélilot. — **k**, Feuille sagittée du Céropége du Cap. — **l**, Feuille obovale du Mouron d'eau. — **m**, Feuille lyrée du Chêne rouvre. — **n**, Feuilles de Pin. — **o**, Feuille pennée de la Pédiculaire chevelue, — **p**, Feuille composée pennée avec impaire du Robinia Faux-acacia. — **r**, Feuille arrondie de Menthe ridée. — **s**, Feuille ovale dentée en épines du Houx.

Planche 9.

Phyllotaxie ou arrangement des feuilles sur les tiges et les rameaux. — **a**, Feuilles verticillées par trois, exactement superposées de deux en deux, de la Lysimaque vulgaire. — **b**, Feuilles opposées, décussées, de Pimélée à feuilles en croix. — **c**, Feuilles de la Pesse vulgaire verticillées à la même hauteur. — **d**, Feuilles de Joubarbe formant rosette. — **e**, **f**, Feuilles alternes de l'Orme; chaque feuille est distante d'un arc de $\frac{1}{2}$ circonférence de celle qui la précède ou qui la suit immédiatement. — **g**, **h**, Feuilles alternes de l'Aulne, chacune est distante d'un arc de $\frac{1}{3}$ de circonférence de celle qui la précède ou qui la suit immédiatement. — **i**, **j**, Feuilles alternes du Pêcher, équidistantes d'un arc de $\frac{2}{5}$ de circonférence.

Planche 10.

Structure comparée des tiges. — 1, 2, 3, 4, coupes horizontales d'une tige de dicotylédonée à différents âges de sa première année, montrant l'apparition et la multiplication des faisceaux vasculaires : **e**, écorce ; **b**, bois ; **z**, zône d'accroissement. — 5, coupe transversale de Chêne âgé de 10 ans. — 6, figure théorique expliquant l'accroissement des dicotylédonées en hauteur et en diamètre : **a**, première année; **b**, seconde année; **c**, troisième année. — 7, coupe verticale et tranversale d'une jeune tige dicotylédonée, vue au microscope. — 8, coupe horizontale d'une tige de monocotylédonée, montrant les faisceaux fibro-vasculaires plus pressés à la périphérie qu'au centre. — 9, coupe horizontale d'un chaume de Roseau. — 10, figure théorique représentant la marche de faisceaux fibro-vasculaires dans un stipe de Palmier. — 11, fibres du liber de la Lauréole avec du tissu cellulaire interposé. — 12, stomates sur une feuille d'Iris.

Planche 11.

Greffes et marcottes. — **a**, Greffe sur racine, par le procédé de Cels. — **b**, Greffe en fente. — **c**, Un procédé de Greffe par approche. — **d**, Greffe en écusson dite à œil dormant. — **e**, Greffe en fente, dite de Lée. — **h**, Greffe de côté, en navette. — **i**, Greffe en fente sur un arbre résineux. — **j**, Greffe en fente simple. — **k**, Greffe par approche, dite Sylvain. — **m**, Greffe en flûte, dite Jefferson. — **n**, Greffe en fente en W. — **o**, Greffe en fente, dite Anglaise, — **p**, Greffe en couronne, dite Théophraste. — **f**, Marcottage en serpentant. — **g**, Marcottage par élévation. — **l**, Marcottage par drageon.

Planche 12.

Tiges souterraines. — **a**, Rhizome de Carex ou Laiche coupante. — **b**, Bulbe écailleux du Lis blanc. — **c**, Le même, coupé verticalement par un plan médian. — **d**, Autre bulbe de Lis, avec un bourgeon plus développé. — **e**, Bulbe de Jacinthe. — **f**, Le même, coupé verticalement par un plan médian. — **g**, Le même, coupé transversalement. — **h**, Bulbe tuniqué de Poireau, coupé transversalement. — **i**, Bulbe solide de Colchique d'automne. — **j**, Bulbe de Safran. — **k**, Tubercule d'Orchis tacheté, coupé verticalement.

PLANCHE 13.

Différentes formes du périanthe. — **a**, Fleur entière et épanouie de Nénuphar blanc, montrant les folioles libres qui constituent le périanthe. — **b**, Fleur de l'Aristoloche siphon avec un périanthe simple, entier. — **c**, Calice denté de la Primevère de Chine. — **d**, Calice polysépale et éperonné de la Capucine. — **e**, Calice polysépale d'une fleur d'Aconit; l'un des sépales a la forme d'un casque. — **f**, Calicule de Fraisier. — **g**, Calicule d'OEillet. — **h**, Corolle polypétale de Ciste. — **i**, Pétale de la Renoncule amplexicaule. — **j**, Corolle polypétale et irrégulière du Pois. — **k**, Corolle monopétale, régulière de Lilas. — **l**, Corolle monopétale, régulière de Liseron. — **m**, Corolle monopétale, régulière de Tabac. — **n**, Corolle monopétale, régulière d'Arbousier. — **o**, Corolle monopétale, irrégulière du Muflier. — **p**, Corolle monopétale, irrégulière de Sauge. — **q**, Corolle monopétale, irrégulière de Digitale pourprée. — **r**, Corolle monopétale, ligulée, du Pissenlit. — **s**, Inflorescence de Souci coupée verticalement, pour montrer les fleurs de la périphérie à corolle ligulée, et celles du centre à corolle régulière.

Planche 14.

Formes diverses des étamines, des pistils et des disques ou nectaires. — **a**, Étamine de Lis, vue par sa face interne. — **b**, Anthère de la Mercuriale. — **c**, Étamine de la Bourrache, semblant portée par la corolle devant un appendice prolongé extérieurement en corne. — **d**, Anthère de Sauge, à loges séparées. — **e**, Anthère de l'Amandier, vue par derrière. — **f**, Anthère de Pervenche. — **g**, Anthère de Dianelle. — **h**, Anthère de Laurier-rose. — **i**, Masses polliniques d'Asclépias. — **j**, Anthère quadriloculaire du Poranthera. — **k**, Anthère du Cannellier de Ceylan, à quatre loges superposées deux par deux et s'ouvrant chacune par une valve. — **l**, Masse pollinique du *Platanthera chloranta*. — **m**, Anthère de la Pyrole. — **n**, Étamine de la Violette. — **o**, Transition des pétales aux étamines dans le Nénuphar blanc. — **p**, Tranche horizontale d'une anthère de la Citrouille, montrant des logettes remplies par un tissu à cellules qui est un premier état des utricules polliniques. — **q**, Deux utricules polliniques qui ont commencé à se partager, par la formation de cloisons. — **r**, Utricule pollinique divisée en quatre logettes; un des grains de pollen a été, par une légère pression, chassé hors de sa logette. — **s**, Pollen de Pin. — **t**, Pollen de *Basella*. — **u**, Pollen de Renoncule. — **v**, Pistil de la Primevère commune; l'ovaire a été coupé verticalement pour montrer le placenta central libre portant les ovules. — **x**, Stigmate de Pervenche. — **y**, Divisions du style du Chailletia pédonculé. — **z**, Sommet du style de la Ketmie des marais. — 1, Stigmate unilatéral de l'Asimina à trois lobes. — 2, Disque de Cedrela. — 3, Disque ou nectaire de la Fritillaire impériale.

Planche 15.

Exposition du système de Linné. — **a**, Monandrie (Pesse des étangs). — **b**, Diandrie (Véronique). — **c**, Triandrie (Safran). — **d**, Tétrandrie (Garance). — **e**, Pentandrie (Vigne). — **f**, Hexandrie (Lis). — **g**, Heptandrie (Marronnier d'Inde). — **h**, Octandrie (Fuchsia). — **i**, Ennéandrie (Rhubarbe). — **j**, Décandrie (Sedum). — **k**, Dodécandrie (Asarum). — **l**, Icosandrie (Cactus). — **m**, Polyandrie (Renoncule). — **n**, Tétradynamie (Giroflée). — **o**, Didynamie (Lamier blanc). — **p**, Monadelphie (Oranger). — **q**, Diadelphie (Pois). — **r**, Polyadelphie (Millepertuis). — **s**, Syngénésie (Pissenlit). — **t**, Gynandrie (Aristoloche Clématite). — **u**, Monœcie (Noisetier). — **v**, Diœcie (Vallisnérie). — **x**, **x'**, Polygamie (Bananier). — **y**, Cryptogamie (Mousse).

Planche 16.

Inflorescences. — **a**, Fleur solitaire (Renoncule bulbeuse). — **b**, Grappe (Merisier). — **c**, Épi composé formant un panicule lâche (Sorgho). — **d**, Épi composé (Blé). — **g**, Épi composé (Ivraie). — **q**, Cyme unipare scorpioïde (Buglosse). — **e**, Capitules disposés en corymbes (Achillée). — **f**, Grappe de cymes ou thyrse (Lilas). — **h**, Fleurs en chaton (Peuplier tremble) ; à côté se trouve une fleur femelle détachée. — **i**, Fleurs unisexuées sur un spadice (Arum). — **j**, Fronde pennatifide de Fougère portant les fructifications sur sa face inférieure. — **k**, Fleurs en ombelle composée (Ammi). — **l**, Fleur en capitule (Céphalanthe). — **m**, Capitule simple (Chrysanthème). — **n**, Réceptacle d'inflorescence portant dans sa concavité un grand nombre de fleurs (Figue). — **o**, Inflorescence définie, cyme dichotomique (Petite Centaurée). — **p**, Fleurs en cymes disposées en ombelles (Sureau). — **r**, Inflorescence en grappe (Campanule).

Planche 17.

Fruits. — **a**, Cariopse (Blé). — **b**, Double akène (Carotte). — **f**, **c**, Fruit du Tilleul et sa coupe transversale (Carcérule Rich.) — **d**, Moitié du fruit d'Érable ou Samarre. — **e**, Capsule du Liseron avant et après sa déhiscence. — **g**, Capsule à déhiscence septicide (Flindersia). — **h**, Capsule de Tulipe, à déhiscence loculicide. — **i**, Capsule de Muflier avec ses trous de déhiscence. — **j**, Pyxide (Mouron rouge). — **k**, Fruit induvié de la Belle-de-Nuit. — **l**, **m**, Drupe de Néflier à cinq noyaux. — **n**, Drupe de Cornouiller à noyau biloculaire. — **o**, Baie du Groseiller. — **p**, Baie à pépins du Pommier (Mélonide, Richard). — **q**, **r**, Baie de Raquette. — **s**, Fruit composé du Mûrier. — **t**, Fruit composé de Dornstenia, formé par le réceptacle d'inflorescences et les fruits succédant à toutes les fleurs des inflorescences. — **u**, Fruit multiple du Calycanthus, formé par le réceptacle floral et la réunion de fruits succédant aux carpelles d'une même fleur.

Planche 18.

Famille des Crucifères. — **a**, Giroflée. — **b**, Coupe verticale et médiane de la fleur. — **c**, Diagramme. — **d**, Réceptacle floral et étamines, — **e**, Gynécée. — **f**, Fruit. — **g**, Graine. — **h**, Coupe verticale de la graine. — **i**, Coupe horizontale de la graine.

Famille des Malvacées. — **j**, Cotonnier. — **k**, Graine de Cotonnier coupée verticalement pour montrer les poils cotonneux qui naissent à sa surface. — **l**, Coupe verticale et médiane d'une fleur de Mauve. — **m**, Diagramme. — **n**, Étamine. — **o**, Androcée entourant le pistil. — **p**, Calice et gynécée. — **q**, Fruit. — **r**, Un carpelle coupé verticalement.

Planche 19.

Famille des Rosacées. — **a**, Fraisier. — **b**, Coupe verticale et médiane de la fleur du Fraisier. — **c**, Fleur du Fraisier vue par sa partie inférieure. — **d**, Diagramme de la fleur du Fraisier. — **e**, Carpelle du Fraisier. — **f**, Étamine du Fraisier. — **g**, Fruit multiple du Fraisier formé par le réceptacle floral et les carpelles devenus des akènes. — **h**, Coupe verticale et médiane de la fleur du Pêcher. — **i**, Fruit de l'Abricotier, coupé verticalement par un plan médian. — **j**, Fruit du Cerisier, coupé par un plan vertical et médian.

Famille des Ombellifères. — **a**, Hydrocotyle. — **b**, Calice et pistil de l'Hydrocotyle. — **c**, Fleur de Fenouil. —

d, Fleur de Fenouil coupée par un plan vertical et médian. — **e**, Diagramme de la fleur de Fenouil. — **f**, Fruit de la même plante. — **g**, Coupe transversale de ce fruit. — **h**, Graine de Fenouil. — **i**, Ombelle et ombellules ou ombelle composée de Carotte. — **j**, Graine d'Angélique.

Planche 20.

Famille des Labiées. — **a**, Menthe poivrée. — **b**, Fleur de Lamier blanc ou Ortie blanche coupée par un plan vertical et médian. — **c**, Fleur de Lamier vue de face. — **d**, Diagramme du Lamier. — **e**, Calice de Lamier. — **f**, Étamine de la même plante. — **g**, Pistil de Lamier. — **h**, Carpelle entier. — **i**, Fleur de la Menthe Pouliot. — **j**, Base d'une fleur de Sauge coupée verticalement par un plan médian.

Famille des Solanées. — **a**, Tabac. — **b**, Fleur très-grossie. — **c**, Fleur coupée par un plan vertical et médian. — **d**, Diagramme. — **e**, Pistil. — **f**, Fruit. — **g**, Coupe transversale de l'ovaire du Datura ou Pomme épineuse. — **h**, Fleur de Morelle. — **i**, Étamine de Morelle.

Planche 21.

Famille des Conifères. — **a**, Cèdre du Liban avec son fruit. — **b**, Cône de Pin. — **c**, Coupe verticale et médiane d'un cône de Pin. — **d**, Écaille et fleur de Pin, vues en dehors. — **e**, Les mêmes vues en dedans. — **h**, Fleurs de

Pin. — **i,j**, Fruits du Pin. — **k**, Graine de Pin coupée verticalement. — **l**, Embryon du Pin. — **m**, Cône ou strobile de Cyprès. — **n**, Fleur de Cyprès, — **o**, Chaton mâle de Cyprès.

Famille des Juglandées. — **a**, Noyer cultivé. — **b**, Chaton de fleurs mâles et l'une des fleurs. — **c**, Inflorescence de fleurs femelles. — **d**, Une fleur femelle. — **e**, Coupe de cette fleur par un plan vertical et médian. — **f**, Diagramme. — **g**, Étamine. — **h**, Fruit coupé par un plan vertical et médian. — **i**, Fruit dépouillé de son brou. — **j**, Graine.

Planche 22.

Famille des Iridées. — **a**, Iris germanique. — **b**, Fleur coupée par un plan vertical et médian. — **c**, Diagramme. — **d**, Étamine insérée à la base d'une foliole du périanthe. — **e**, Fleur dépouillée du périanthe. — **f**, Deux fruits dont l'un est ouvert.

Famille des Graminées. — **a**, Pied de Maïs portant des inflorescences femelles à la base et des inflorescences mâles au sommet. — **b**, Fruits de Maïs. — **c**, Épi composé de Blé. — **d**, Fleur fertile de Blé. — **e**, Diagramme d'un épillet de Blé : 1, axe d'inflorescence ; 2, 2, glumes ; 3, 3, fleurs fertiles ; 4, fleurs atrophiées ; 5, glumelle uninerviée ; 6, glumelle binerviée ; 7, glumellule ; 8, étamine ; 9 ovaire et appendices stigmatiques. — **f**, Fruit du Blé. — **g**, Fruit du Blé coupé par un plan vertical et médian. — **h**, Germination du Blé. — **i**, Portion de chaume du Blé. — **j**, Inflorescence d'Avoine. — **k**, Épillet jeune d'Avoine. — **l**, Épillet épanoui d'Avoine. — **m**, Axe d'inflorescence de l'Ivraie.

Planche 23.

Fougères.— **a**, Rhizome de Nephrodium filix-mas portant une fronde épanouie et d'autres en préfoliation circinée. — **b**, Fronde vue par sa partie postérieure pour montrer les amas de fructification ou sores. — **c**, Portion de fronde avec sores grossies. — **c**, Indusie. — **d**, Masse de sporanges placés sous l'indusie. — **e**, Sporange non ouvert. — **f**, Sporange laissant échapper les spores. — **g**, Prothalle. — **h**, Anthérozoïde. — **i**, Tronc de Fougère en arbre (Alsophile) — **j**, Coupe horizontale du tronc de cette Fougère.

Algues. — **a**, Laminaire saccharine ; les sporanges forment une saillie sur la ligne médiane.

Lichens. — **b**, Lichen d'Islande ; **1**, apothécie ; **2**, spermogonie. — **c**, Portion du thalle du Lichen d'Islande avec une apothécie. — **d**, Coupe verticale d'une apothécie, montrant les thèques contenant les spores.— **e**, Spermogonie laissant échapper des spermaties. — **f**, Spores d'un Lichen (Parmelia) en germination.

Champignons. — **g**, Champignons de couche et leur mycelium. — **h**, Coupe verticale d'un Agaric, destinée à montrer les lames rayonnantes de la face inférieure du chapeau. — **i, j**, Portion d'une lame hyméniale coupée transversalement et montrant les cystides **1**, les basides **2**, et les spores **3**. — **k**, Bolet comestible. — **l**, Spores du Champignon parasite de la Pomme de terre, le Péronospore infectant.

Planche 24.

Plantes vulgaires vénéneuses. — 1, Renoncule âcre ou Bouton d'or. — 2, Aconit napel ou Tue-Loup. — 3, Datura stramonium ou Pomme épineuse. — 4, Arum maculé ou Gouet, Pied-de-Veau. — 5, Ellébore noir ou Rose de Noël. — 6, Narcisse, Faux-Narcisse ou Jeannette. — 7 Chélidoine ou Grande-Éclaire. — 8, Anémone pulsatille. — 9, Ethuse-Ache-des-Chiens ou Petite Ciguë, Faux-Persil. — 10, Gratiole officinale ou Herbe à pauvre homme. — 11, Digitale pourprée. — 12, Laurier-Cerise ou Laurier-Amandier. — 13, Grande Ciguë. — 14, Pavot. — 15, Laitue vireuse. — 16, Morelle noire. — 17, Jusquiame noire. — 18, Belladone. — 19 Ivraie enivrante. — 20, Safran d'automne. — 21, Renoncule scélérate ou des marais.

Planche 25.

Champignons comestibles. — 1, Clavaire barbe-de-chèvre. — 2, Clavaire améthyste. — 3, Helvelle. — 4, Morille commune. — 5, 6, Hydne sinué ou Pied-de-Mouton blanc. — 7, Hypodris ou Foie-de-Bœuf, Glu de chêne. — 8, Bolet bronzé ou Cep noir. — 9, 10, Bolet comestible ou Brugnet. — 11, Bolet rude. — 12, Bolet orangé ou Gyrole rouge. — 13, Chanterelle ou Chevrette. — 14, Agaric alutacé. — 15, Agaric verdoyant ou Verdette. — 16, Agaric sapide. — 17, 18, 19, 20, Agaric comestible ou Pratelle, Paturon. — 21, Agaric améthyste. — 22, Agaric anisé. —

23, Agaric nébuleux. — 24, Agaric mousseron ou Champignon muscat. — 25, Agaric aromatique ou Mousseron de Bourgogne. — 26, Agaric faux-mousseron ou Mousseron godaille. — 27, Agaric cortinaire. — 28, Agaric tacheté de sang. — 29, Agaric élevé ou Grisette, Parasol.— 30, 31, 32, Oronge vraie. — 33, Truffe et sa coupe transversale.

PLANCHE 26.

Champignons vénéneux. — 1, Polypore luisant. — 2, Bolet marbré. — 3, Bolet pernicieux ou faux Cep. — 4, Bolet poivré. — 5, Bolet azuré. — 6, Bolet chrysanthère ou Pain-de-Loup. — 7, Bolet blanchâtre. — 8, Agaric styptique. — 9, 10, 11 et 12, Agaric émétique. — 13, Agaric sanguin. — 14, Agaric fourchu. — 15, Agaric meurtrier ou Morton. — 16, Agaric caustique. — 17, Agaric poivré ou Vache blanche. — 18, Agaric amer. — 19, Agaric doré. — 20. — Agaric couleur de soufre. — 21, 22, 23, Fausse Oronge ou Amanite des mouches. — 24, Agaric dartreux. — 25, Agaric fuligineux. — 26, Agaric blanc fauve. — 27, Agaric cendré. — 28, Agaric citrin. — 29, Agaric bulbeux ou Amanite bulbeuse. — 30, Amanite vénéneuse.

GÉOLOGIE.

Planche 1.

Coupe théorique de l'écorce du globe. L'indication des couches successives des terrains est prise de droite à gauche et du centre à la superficie. (Pour faciliter l'étude de cette planche, il conviendrait de placer la figure du bas à la suite de la figure du haut.)

a. ROCHES PLUTONIQUES.

Teinte grise. — Granit.

b. TERRAINS STRATIFIÉS PRIMORDIAUX OU ROCHES MÉTAMORPHIQUES.

Teinte jaune. — Gneiss, Micaschistes, Talcschistes.

c. ROCHES NEPTUNIENNES OU STRATIFIÉES.

Terrains primaires.

Teinte verte. — Terrains Cumbrien, Silurien, Dévonien, Carbonifère et Permien.

Terrains secondaires.

Teinte rose. — Trias : (Grès bigarré, Muschelkalk, Marnes irisées).

Teinte bistre. — Terrains jurassiques : (Lias, Oolithe, etc.)

Teinte bleue. — Terrains crétacés : (Néocomien, Gault, Craie).

Terrains tertiaires.

Teinte brune. — Terrains tertiaires partagés en étages : Eocène, Miocène, Pliocène. (Argile plastique, Calcaire grossier, Gypse de Montmartre , Grès de Fontainebleau, Faluns de Touraine).

Terrains quaternaires ou contemporains.

Teinte violette. — Comprenant : Lœss du Rhin, Deltas du Nil, Tourbe de la Grande-Bretagne, etc.

Roches volcaniques.

Teinte vermillon. — Filons, épanchements de roches volcaniques aux différents âges de la terre.

Planche 2.

a, Vue d'un Volcan en activité. On a supposé l'une des couches coupée verticalement, pour montrer la superposition et l'inclinaison des assises qui la constituent. On a montré le conduit volcanique, le cratère et les coulées de la lave qui en sort. — **b,** Stalactites et stalagmites.

Planche 3.

Exemples de stratifications. — **a,** Couches stratifiées parallèles soulevées par une masse de roches ignées qui ne sont pas arrivées jusqu'au jour. — **b,** Couches stratifiées soulevées par une masse ignée qui les a traversées, est arrivée au jour, et forme le point culminant de la montagne. — **c,** Excavation formée par des eaux qui, dans leur course violente ou longtemps exercée, ont entraîné avec elles les sédiments depuis longtemps déposés. — **d,** Dépôts récents formés dans les excavations produites par les cours d'eau. L'ordre suivant lequel sont déposées ces couches permet de connaître leur âge géologique. — **e, f, g, h,** Différentes sortes de stratification concordante, inclinée, horizontale, convexe ou concave. — **j, k, l, m, n,** Exemples divers de stratification discordante. — **i,** Dépôt horizontal raviné, puis recouvert par un dépôt du même genre.

Planche 4.

Fossiles du terrain silurien. — 1, Ogygia Guettardi. — 2, Trinucleus Pongerardi. — 3, Paradoxides spinulosus. — 4, Nereites cambriensis. — 5, Lituites cornuarietis. — 6, Orthoceras ludense. — 7, Calymene Blumenbachii. — 8, Pentamerus Knighti. — 9, Orthis rustica. — 10, Campulites ventricosus. — 11, Cyathaxonia Dalmani. — 12, Halicites labyrinthicus.

Fossiles du terrain dévonien. — 13, Pterichthys cornutus. — 14, Clymenia Sedwicki. — 15, Macrocheilus subcostatus. — 16, Murchisonia bigranulosa. — 17, Turbo subcostatus. — 18, Leptœna lepis. — 19, Cirrus Goldfussi. — 20, Conularia ornata. — 21, Aulopora serpens. — 22, Spirigerina reticularis. — 23, Cupressocrinus crassus. — 24, Calceola sandalina. — 25, Spirigera Ezquerra. — 26, Sphenopteris laxus.

Planche 5.

Fossiles du terrain carbonifère. — 1, Cyclophthalmus Bucklandi. — 2, Amblypterus macropterus. — 3, Aganides Josseæ. — 4, Chonetes Dalmaniana. — 5, Spirifer hystericus. — 6, Conocardium fusiforme. — 7, Platycrinus triacondactylus. — 8, Echinocrinus ellipticus. — 9, Plylopora pluma. — 10, Cyathocrinus caryocrinoïdes. — 11, Productus semi-reticulatus. — 12, Nevropteris heterophylla. — 13, 14, Lepidodendron Sternbergii. — 15, Calamites cuneiformis. — 16, Conifère et fruits renversés. — 17, Sigillaria Grœseri.

Fossiles du terrain permien. — 18, Arca antiqua. — 19, Productus horridus.

Fossiles du trias. — 20, Empreintes de pas de Tortue et de Cheirotherium. — 21, Encrinus liliiformis. — 22, Ceratites nadosus. — 23, Avicula socialis. — 24, Aspidura loricata. — 25, Neuropteris elegans. — 26, Stellispongia variabilis. — 27, Myriophoria lineata.

Planche 6.

Fossiles du terrain jurassique. — *Lias*. (Etages Siné-
murien, Liasien et Toarcien D'Orb.) : — 1, Gryphea arcuata,
— 2, Ammonites bisulcatus. — 3, Odontopteris cycadea.
— 4, Icthyosaurus communis. — 5, Plesiosaurus dolicho-
deirus. — 6, Tetragonolepis (restauré). — 7, Pentacrinus
fasciculosus. — 8, Ammonites bifrons. — 9, Intestin de
Roussette et coprolites. — 10, Spirifer Walcotii.

Oolithe. (Etages Bajocien, Bathonien D'Orb.) : — 11, Ammonites Humphriesianus. — 12, Hiboclypus gibberulus. —
13, Thylacotherium Prevostii. — 14, Ammonites bullatus.
— 15, Entalophora cellarioïdes. — 16, Bidiastopora cervi-
cornis. — 17, Montlivaltia caryophyllata. — 18, Anabacia
orbulites. — 19, Lymnorea Michelini. — 20, Cryptocœnia
bacciformis.

Planche 6 *bis*.

Fossiles du terrain jurassique. — *Oolithe* (suite),
(Etage Bathonien D'Orb.) : 1, Pachypteris lanceolata. —
2, Coniopteris Murryana. — 3, Portion grossie de Coniopteris Murrayana. — 4, Pecopteris Desnoyersii. — 5, Phle-
bopteris Philipsii.

Argile de Dives, Oxford Clay. (Etage Callovien D'Orb.) :
6. Ammonites Jason. — 7, Ostrea dilatata. — 8, Terebra-
tula diphya, montrant, du côté gauche, les traces des vais-

seaux du manteau. — (Etage Oxfordien D'Orb.) : 9, Pterodactylus crassirostris. — 10, Libellula. — 11, Serpula flagellum. — 12, Eryon arctiformis. — 13, Saccocoma pectinata. — 14, Cribrospongia reticulata.

Groupe Corallien. (Etage Corallien D'Orb.) : — 15, Phytogyra magnifica. — 16, Diceras arietina. — 17, Hemicidaris crenularis. — 18, Dendraræa ramosa.

Kimmeridge-Clay. (Etage Kimmeridgien D'Orb.) : — 9, Anatina spathulata. — 20, Bulla suprajurensis. — 21, Ostrea virgula.

Groupe Portlandien. (Etage Portlandien D'Orb.) : — 22, Trigonia gibbosa. — 23, Prionastrea oblonga.

PLANCHE 7.

FOSSILES DU TERRAIN CRÉTACÉ. — *Néocomien.* (Etage Néocomien d'Orb.) : 1, Dent d'Iguanodon Mantelli. — 2, Ichthyodorulites d'Hybodus. — 3, Turritella angulata. — 4, Fusus neocomiensis. — 5, Pteroceras Oceani. — 6, Trigonia longa. — 7, Unio Waldensis. — 8, Crassatella Robinaldina. — 9, Ostrea Couloni. — 10, Cardium peregrinum. — 11, Rhynconella sulcata. — 12, Pygaulus Moulinsii. — 13, Janira atava. — 14, Cycadoïdea megraphylla. — (Etage Aptien D'Orb.) : 15, Rhynchoteuthis Astieriana. — 16, Ancyloceras Matherionanus. — 17, Thetis lævigata. — 18, Plicatula placunea. — 19, Terebratella Astieriana. — 20, Ostrea aquila. — 21, Tetracœnia Dupiniana.

Grès verts. (Etage Albien D'Orb.): — 22, Turrilites catenatus. — 23, Le même, dans une autre position. — 24, Nucula bivirgata. — 25, Solarium ornatum. — 26, Moule intérieur de l'Arca fibrosa. — 27, Echinospora Raulini. — 28, Cyatina Bowerbankii.

PLANCHE 7 *bis.*

FOSSILES DU TERRAIN CRÉTACÉ (suite). — *Craie chloritée.* (Etage Cénomanien D'Orb.) : 1, Chelonia Benstedi. — 2, Escharina Oceani. — 3, Goniopygus major. — 4, Cuneolinea pavonia. — 5, Chrysalidina gradata. — 6, Siphonia pyriformis. — 7, Brachyphyllum Orbignyanum. — (Etage Turonien D'Orb.) : 8, Acteonella lævis.— 9, Voluta elongata. — 10, Hippurites Toucasiana. — 11, Meandrina pyrenaïca. — 12, Cyclolites elliptica.

Crétacé supérieur. (Etage Sénonien D'Orb.) : 13, Mosasaurus Camperi. — 14, Belemnitella mucronata. — 15, Nerinea bisulcata. — 16, Phorus canaliculatus. — 17, Pholadomya æquivalvis. — 18, Spondylus spinosus. — 19, Ostrea larva. — 20, Crania Ignabergensis. — 21, Terebratulina striata. — 22, Galerites albogalerus. — 23, Reticulipora obliqua. — 24, Flabellina rugosa (coupe). — 25, Lituola nautiloïdea. — 26, Coscinopora cupuliformis. — 27, Squelette d'échassier.

Calcaire pisolithique. (Etage Danien D'Orb.) : 28, Nautilus danicus.

PLANCHE 8.

FOSSILES DES TERRAINS TERTIAIRES. — *Eocène* (Etage Suessonien D'Orb.) : 1, Platax altissimus. — 2, Rhombus minimus. — 3, Nerita Schemidelliana. — 4, Helix hemisphærica. — 5, Cyclostoma Arnoudii. — 6, Physa columnaris. — 7, Cyclas antiqua. — 8, Nummulites nummularia. — 9, Nummulites planulata. — 10, Delesserites Gazolanus.

Calcaire grossier, Sables de Beauchamps, Calcaires de Saint-Ouen, Gypse et Argiles de Montmartre. — (Étage Parisien d'Orb.) : 11, Anoplotherium commune. — 12, Oiseau de Montmartre. — 13, Lymnea pyramidalis. — 14, Tiphis tubifer. — 15, Cerithium hexagonum. — 16, Turbinolia sulcata.

PLANCHE 8 *bis.*

FOSSILES DU TERRAIN TERTIAIRE (suite). — *Miocène.* (Etage Parisien D'Orb., suite) : 1, Trogontherium Cuvieri. — 2, Alligator de l'île de Wight. — 3, Cypræa elegans. — 4, Cassis cancellata. — 5, Otodus obliquus. — 6, Crassatella ponderosa. — 7, Laganum reflexum. — 8, Eupsammia Macluri. — 9, Cardita planicosta.

Miocène (Etage Falunien D'Orb.) : 10, Glyptostrobites Parisiensis. — 11, 12, Textularia Meyeriana. — 13, Hya-

læa Orbignyana. — 14, Lebias cephalotes. — 15, Circha-
rias productus. — 16, Pithecus antiquus. — 17, Oxyrhina
Xiphodon. — 18, Ecaille de Tortue. — 19, Dinantherium
giganteum. — 20, Meandropora cerebriformis. — 21, Hela
speciosa. — 22, Hamphistegina Hauerina. — 23, Carinaria
Hugardi. — 24, Spirulirostra Bellardii.

Planche 9.

Fossiles des terrains tertiaires (suite). — *Pliocène*
(Etage Subapennin D'Orb.) : 1, Ursus spelœus. — 2,
Hyæna spelæa. — 3, Elephas primigenius (Mammouth).
— 4, Mylodon robustus. — 5, Megatherium Cuvieri. — 6,
Andrias Scheuchzeri. — 7, Glyptodon claviceps. — 8, Fron-
dicularia annularis. — 9, Robulina echinata.

Fossiles des terrains contemporains. — 10, Ostrea
edulis. — 11, Littorina littorea.

Planche 10.

Puits artésiens. — Principe fondamental : un vase de
verre, plein d'eau, est mis en communication par un tube
de cuivre avec des tubes de verre de diverses formes **a, b,
c,** et le niveau de l'eau est le même dans le vase et les
tubes.

Une couche de terrain perméable, de sable, **t. p,** est placée entre deux couches de terrain imperméable, de l'argile, par exemple, **t. i, t. i,** et affleure sur une montagne; elle reçoit les eaux de pluie qui s'y conservent. Si l'on fore un trou **e,** dans une vallée, jusqu'à la couche perméable, il s'en échappe une colonne d'eau qui tend à prendre le niveau d'où elle est partie.

16448 — Nantes, Imp Charpentier, rue de la Fosse, 52.